SUR L'AMÉLIORATION

DES

RACES EUROPÉENNES

DE VERS A SOIE

PAR

M. GEORGES COUTAGNE

ANCIEN ÉLÈVE DE L'ÉCOLE POLYTECHNIQUE
LICENCIÉ ÈS SCIENCES NATURELLES

LYON
IMPRIMERIE PITRAT AÎNÉ
4, RUE GENTIL, 4
1891

SUR

L'AMÉLIORATION DES RACES EUROPÉENNES

DE VERS A SOIE

DU MÊME AUTEUR

1881. Notes sur la faune malacologique du bassin du Rhône. *(Ann. Soc. Linnéenne,* Lyon, 1882, t. XXVIII.)

— Notes sur l'emploi de cartes géologiques spéciales pour l'étude des ploiements, contournements et ruptures que présentent les terrains stratifiés. *(Ann. Soc. Linnéenne,* 1883, t. XXIX.)

1882. De l'influence de la température sur le développement des végétaux. *(Ann. Soc. bot. de Lyon,* 19ᵉ année, Lyon, 1882.)

— De la variabilité de l'espèce chez les Mollusques terrestres et d'eau douce. *(Association franç. pour l'avancement des sciences,* Congrès de la Rochelle).

1883. Tératologie végétale. Les fasciations. *(Feuille des Jeunes Naturalistes,* mai 1883.)

— De l'emploi des explosifs en agriculture. *(Mémorial des Poudres et Salpêtres,* t. II, Paris, 1886-1888.)

— Salamandra atra, Laurenti. *(Feuille des Jeunes Naturalistes,* juin 1883.)

— Revision sommaire du genre Moitessieria. *(Feuille des Jeunes Naturalistes,* 1883 et 1884).

1884. Le Vignoble franco-américain de Saint-Bénezet. *(Génie civil,* Paris, 1884).

1886. Description de quelques Clausilies nouvelles de la Faune française. *(Ann. Soc. malacologique de France,* t. II, Paris, 1884-1886.)

SUR L'AMÉLIORATION

DES

RACES EUROPÉENNES

DE VERS A SOIE

PAR

M. Georges COUTAGNE

ANCIEN ÉLÈVE DE L'ÉCOLE POLYTECHNIQUE
LICENCIÉ ÈS SCIENCES NATURELLES

LYON

IMPRIMERIE PITRAT AINÉ

4, RUE GENTIL, 4

1891

C.

SUR

L'AMÉLIORATION DES RACES EUROPÉENNES

DE VERS A SOIE

Il a été fait d'assez nombreuses recherches dans le but d'améliorer le rendement de nos races indigènes de vers à soie ; mais jusqu'à ce jour il ne semble pas qu'on soit arrivé encore à aucun résultat bien positif.

Les sériciculteurs ont cherché principalement à obtenir des vers robustes, c'est-à-dire présentant une grande résistance aux maladies. Assurément cette recherche est des plus importantes : la mortalité étant moindre pendant l'éducation, on récolte plus de cocons, pour une même dépense de feuilles et de main-d'œuvre ; mais ce n'est là qu'une façon très indirecte d'améliorer le rendement. Toutes les méthodes proposées pour s'assurer de la robusticité et de la vigueur des lots destinés au grainage ne peuvent contribuer à *améliorer* une race, mais seulement à lui *conserver* ses qualités. Les prescriptions les plus essentielles que tout graineur doit suivre scrupuleusement à ce point de vue ont été formulées par M. Pasteur dans les termes suivants, qui résument en outre toute sa méthode : *Servez-vous de graines*

1

*provenant de papillons dont les vers sont montés avec pres-
tesse à la bruyère, sans offrir de mortalité par la flacherie
de la quatrième mue à la montée, et dont le microscope aura
démontré la sanité au point de vue des corpuscules* [1]. Ce sont
là des prescriptions absolument *nécessaires;* mais elles ne sont
pas *suffisantes* lorsqu'on se propose d'améliorer les races de
vers à soie.

Dans le même ordre d'idées il convient de citer les recherches
très intéressantes de M. Raulin sur le grainage par pontes isolées. Sur cent dix pontes élevées simultanément à Pont-Gisquet
en 1871, dans une même magnanerie, une quarantaine furent
irréprochables, tandis que la flacherie décima plus ou moins
toutes les autres [2]. MM. Pasteur et Raulin en concluent très
justement que, « dans les circonstances où elles furent placées.
ces pontes avaient des prédispositions héréditaires différentes
pour la flacherie », et que le procédé de grainage par pontes
isolées pourrait devenir entre des mains exercées « le plus sûr
moyen d'obtenir des graines vigoureuses à l'abri de la flacherie
héréditaire, et fort peu exposées à la flacherie accidentelle. »
Toutefois il n'y a là encore qu'un procédé de conservation des
races, plutôt qu'un procédé d'amélioration. Mais M. Raulin a
été plus loin. Dans un mémoire présenté en 1873 à la Société
d'agriculture de France, après avoir rappelé ses travaux sur les
pontes isolées, il ajoute : « D'ailleurs ce n'est pas seulement
sous le rapport de la flacherie que ces pontes présentèrent ces
remarquables différences ; j'ai observé, d'une manière générale,
que le moment de l'éclosion des vers, l'époque des mues, l'aspect
extérieur des vers, la couleur et la forme des cocons, la forme
même des papillons, présentaient chez les vers d'une même
ponte une grande ressemblance, et, d'une ponte à une autre,

---

[1] *Études sur la maladie des vers à soie*, 1870, t. I, p. 232.

[2] Note présentée par MM. Pasteur et Raulin au Congrès d'Udine, en 1871. (*Méthodes de sélection pour la confection des graines de vers à soie*, par E. Maillot, Montpellier, 1876, p. 6.)

des différences très sensibles. De sorte que le système d'éducation par pontes isolées est une sorte de sélection empirique, propre à faire prédominer de plus en plus tel ou tel caractère héréditaire dans une graine d'une race déterminée [1]. » Il ne s'en faut pas de beaucoup qu'il n'y ait dans ce passage l'exposé d'une méthode réelle d'amélioration : il eût suffi pour cela que M. Raulin eût mentionné non seulement la couleur et la forme des cocons, mais aussi leur *richesse soyeuse;* car en faisant prédominer, par la sélection des pontes, ce dernier caractère, ón augmenterait progressivement le rendement en soie de la race ainsi sélectionnée. M. Raulin n'a pas eu l'idée sans doute d'étudier la richesse soyeuse de ses pontes, car à cette époque déjà lointaine, on cherchait avant toute chose à se garantir simplement de la flacherie — la pébrine venait d'être définitivement vaincue par M. Pasteur — et les prix de vente des cocons étaient encore assez élevés, pour que les magnaniers s'estimassent suffisamment heureux, lorsque leurs éducations n'étaient atteintes par aucune épidémie. En 1874, le Congrès séricicole international de Montpellier a montré d'une façon bien caractéristique cette préoccupation exclusive de la vigueur des vers. A propos des avantages des pontes isolées pour le grainage, on vota la conclusion suivante : « Le Congrès recommande tout spécialement la pratique des éducations par pontes isolées, soit pour servir de moyen à des recherches scientifiques, soit pour donner des graines qui offrent des garanties plus certaines de vigueur ou des cocons d'un type plus uniforme [2]. » Il est bien singulier que l'idée de sélectionner les pontes au point de vue du rendement en soie n'ait pas été indiquée à ce propos. Mais, une autre conclusion votée par le Congrès, en réponse à la question : « Quels cocons faut-il choisir pour le grainage? » est

---

[1] *Méthodes de sélection,* par E. Maillot, Montpellier, 1876, p. 15.

[2] *Congrès séricicole international de Montpellier,* compte rendu sommaire, par E. Maillot, Montpellier, 1874, p. 8.

encore plus curieuse; c'est la suivante : « Il est nécessaire que les cocons destinés au grainage dans une chambrée soient choisis parmi ceux qui sont les mieux conformés et les plus riches en soie, ces conditions étant des indices de vigueur. On écartera très rigoureusement tous les cocons faibles. » Nous voyons recommandé le choix des cocons riches en soie, mais uniquement parce que ce caractère est un « indice de vigueur » ! Quoi qu'il en soit, un procédé de sélection par pontes isolées pourrait être défini de la façon suivante : prélever sur chaque ponte, aussitôt après la montée un échantillon moyen de vingt ou trente cocons; peser ces cocons, les ouvrir, repeser les coques vides, calculer le rendement moyen de chaque ponte, et ne conserver pour la reproduction que les pontes présentant les rendements soyeux les plus élevés.

Dans une autre direction, mais toujours en vue d'obtenir des vers à soie très robustes et très résistants aux maladies, quelques éleveurs ont eu recours au *croisement* des différentes races entre elles. M. A. Feneon a tout dernièrement résumé, dans une note très intéressante [1], les quelques résultats précis qui ont été obtenus dans cette voie, pendant ces dernières années. Les croisements entre races européennes et asiatiques ont été peu à peu abandonnés; les vers étaient, paraît-il, incontestablement très robustes, mais ils héritaient de leurs parents asiatiques de la fâcheuse propension à se réunir deux à deux dans les cocons; et, en outre, la distance morphologique de ces deux groupes semble être trop grande, les métis obtenus sont assez bien fondus à la première génération, mais retournent franchement, dès la seconde, aux deux types primitifs. On s'est donc contenté du croisement de nos races européennes entre elles, ce qui donne des produits plus réguliers. Comme le suppose M. Baron [2], il

---

[1] Croisement des races de vers à soie *(Progrès agricole et viticole*, Montpellier. 1889, t. XI, p. 449).

[2] *Méthodes de reproduction en zootechnie*, Paris, 1888, p. 344.

semblerait que « des croisements légers et fréquents valent phy-
siologiquement les croisements plus considérables revenant à
intervalles plus éloignés, et que morphologiquement ils valent
mieux, attendu qu'ils ne rompent point l'homogénéité du trou-
peau ». Mais si le croisement permet, comme dit M. Feneon,
de « maintenir la permanence de toutes les qualités d'une race »,
et peut-être aussi de faire « renaître les qualités affaiblies »,
il ne peut par lui-même augmenter la richesse soyeuse des races
croisées. « On pense généralement que les croisements produisent de plus forts rendements en cocons que les races pures, et
c'est le plus souvent exact ; mais il faut pour cela que les races
croisées entre elles aient été bien choisies, car si le choix a été
mauvais, c'est le contraire qui arrive. Dans une commune de
Vaucluse, on apporta l'année dernière sur le marché une race
à gros cocons pâles d'apparence magnifique. Un spéculateur,
croyant faire une bonne opération, accapara tous les cocons de
cette race, en offrant une prime de 25 centimes par kilogramme.
Mais, hélas ! il s'aperçut à la bassine que ces cocons valaient
50 centimes de moins que ceux des autres races qu'il avait
achetés Cet exemple prouve que dans les croisements il faut,
tout en ne négligeant pas les autres caractères de bonne race,
tenir grand compte de la richesse en soie. Or, *la valeur de nos
races comme production en soie est encore imparfaitement
déterminée*. Le spéculateur s'attache trop uniquement à l'apparence, il lui faut de gros cocons pâles, et, pour le satisfaire, le
graineur cherche surtout à obtenir des cocons aussi gros et aussi
pâles que possible [1]. De là des déboires, car *bien des races à gros
cocons sont très pauvres en soie*. Heureusement le classement de

---

[1] Dans une visite que je fis à Paillerols, le 30 juin dernier, chez MM. Raibaud l'Ange et
Gorde, je vis effectivement qu'une des opérations préliminaires consiste à enlever systématiquement, pour les envoyer à la filature, tous les cocons trop jaunes, trop blancs, ou trop
petits. Et, singulière persistance de l'atavisme chez les vers à soie, M. Raibaud l'Ange a
observé que, d'une année à l'autre, le nombre des cocons ainsi éliminés, ne diminuait pas
très sensiblement.

toutes les races de vers à soie et leur étude comparée sont poursuivis depuis deux ans par M. Maillot, l'éminent professeur de
sériciculture à l'école de Montpellier. *Ce travail nous renseignera
sur la valeur relative de chacune d'elles, déterminera les plus
robustes et les plus productives en soie,* enrichira peut-être notre
pays de races nouvelles et précieuses, et pourra amener la découverte de méthodes certaines pour conserver et améliorer encore
les races européennes. »

J'ai souligné dans ces paroles de M. Feneon divers passages,
exprimant une opinion sur laquelle je crois devoir faire les
réserves les plus formelles. Nos différentes races ont-elles chacune une richesse soyeuse spéciale, sorte de coefficient particulier, caractéristique de chacune d'elles? Certainement non ; car
autrement les filateurs, qui sont bien à même d'apprécier la
valeur industrielle de chaque race, auraient depuis longtemps
donné la préférence à la plus avantageuse d'entre elles, et on
n'élèverait plus que celle-là. Loin de moi l'intention de vouloir
rabaisser la valeur des patientes recherches entreprises à Montpellier par M. Maillot, recherches si malheureusement interrompues par la mort prématurée et si douloureuse de ce dernier,
mais qui seront, je l'espère, continuées par son successeur à la
station séricicole. Mais je ne voudrais pas que les sériciculteurs,
à l'exemple de M. Feneon, se fassent illusion, et attendent de
ces recherches des résultats qu'elles ne donneront probablement
jamais. La richesse soyeuse des cocons est un caractère zoologique très secondaire, qui ne semble être caractéristique d'aucune
race, quoique dans leur ensemble, les races européennes semblent mieux dotées que leurs congénères asiatiques. L'opinion
que je critique en ce moment dérive probablement de cet autre
préjugé, encore très répandu, qui consiste à considérer la précocité de certains animaux anglais, bœufs, porcs ou moutons,
comme l'apanage exclusif et naturel de certaines races. En tout
cas, lorsqu'on essaye de caractériser la richesse soyeuse des

races de vers à soie, on est bien vite arrêté. Considérons précisément les déterminations de M. Maillot. Dans ses élevages de 1888 [1], sur 85 lots étudiés, la richesse soyeuse [2] maxima 0,19 a été obtenue avec un lot n° 78, de Roussillons jaunes. Mais le lot n° 79, également de Roussillons jaunes, a été très inférieur, et n'a présenté que 0,13! Et pourtant d'après le témoignage de M. Maillot, ces deux élevages n'ont eu ni pébrine, ni flacherie [3]. En présence de tels écarts on est bien forcé de reconnaître la grande variabilité de la richesse soyeuse; mais en même temps cette excessive variabilité suggère précisément la possibilité d'améliorer notablement les races de vers à soie : la sélection ne peut s'exercer que sur un caractère variable, et en raison directe, semble-t-il, de cette variabilité.

Puisque le croisement n'est capable tout au plus que de « maintenir la permanence de toutes les qualités d'une race », et que nous devons vraisemblablement renoncer à l'espoir chimérique de rencontrer quelque part une race donnant toujours de forts rendements en soie, nous en sommes réduits à chercher un procédé d'amélioration par la simple sélection. J'ai signalé précédemment l'usage qu'on peut faire des pontes isolées. Mais une autre méthode, plus simple encore, se présente à l'esprit. Tous les graineurs élèvent, ou plutôt font élever divers lots, et le plus souvent un très grand nombre; en prélevant sur chaque lot un échantillon moyen de 300 à 400 grammes de cocons, et en les faisant filer, on peut avoir une idée très exacte du rendement en soie de chaque lot, et donner par conséquent la préférence à ceux qui sont le plus avantageux. La graine de ces lots de choix est conservée pour les éducations de l'année suivante, et la graine des autres lots est vendue;

---

[1] Nouvelles races de vers à soie du mûrier (*Annales de l'Ecole nationale d'agriculture de Montpellier*, Montpellier, 1889, p. 27, et suiv.).

[2] Rapport du poids de dix coques soyeuses à celui des dix cocons qui les ont fournies.

[3] En 1889, d'après une lettre de M. Valery Mayet, les vers issus de ce lot si remarquable n° 78, de 1888, n'ont plus donné que 13 pour 100; ils ont été décimés par la flacherie.

d'année en année, le graineur améliorera de la sorte la richesse soyeuse de la race qu'il élève.

Ce procédé me semble avoir été suivi par différents graineurs, qui avaient présenté l'an dernier, à l'Exposition universelle de Paris, des échantillons de cocons, de soie filée, et des tableaux, résumant succinctement leurs méthodes. Mais les résultats, ou même simplement la discussion *a priori* de ces méthodes, n'ont été, à ma connaissance du moins, publiées nulle part.

Remarquons que ce procédé de sélections *par lots* peut se combiner avec celui *des pontes isolées*, en ce que chaque lot peut très avantageusement être précisément une ponte. Chaque ponte, en effet, peut fournir 500, 600 grammes, et parfois même, comme nous le verrons bientôt, jusqu'à 1100 grammes de cocons ; on peut donc sans inconvénient prélever les 300 grammes nécessaires à un essai industriel sérieux.

Mais toute méthode de sélection *par lots*, ceux-ci fussent-ils même assez homogènes, est une méthode bien imparfaite. Il est certain qu'on irait beaucoup plus vite, et surtout plus sûrement, si l'on pouvait *individualiser* les choix. M. Louis de Vilmorin, au début de ses recherches si fécondes sur l'amélioration de la betterave à sucre — l'emploi de ses betteraves améliorées a révolutionné complètement l'industrie sucrière — a fort nettement montré la supériorité de la *sélection individuelle* sur la *sélection par lots*[1]. Il ne suffit pas en effet de découvrir des reproducteurs très améliorés eux-mêmes, mais bien des reproducteurs ayant une grande puissance de transmission de leurs caractères améliorés, et « comme cette faculté de transmission n'est rendue appréciable par aucun indice extérieur, que le fait seul en indique l'existence, il devient nécessaire de pouvoir éliminer, à la deuxième génération, toute la

---

[1] *Comptes rendus de l'Académie des sciences*, 1856, 2ᵉ sem., p. 871.

descendance de la plante mal douée sous ce rapport[1] ». Cette remarque judicieuse est évidemment générale, et ne s'applique pas aux seuls végétaux.

Il importait donc essentiellement de réaliser l'individualisation des choix, et j'ai imaginé dans ce but le procédé suivant. Chacun des cocons à étudier est numéroté, pesé au centigramme près, puis fendu obliquement, de manière à ne pas toucher la chrysalide, mais à pouvoir cependant l'extraire sans l'endommager ; une seconde pesée donne le poids de la coque vide. On réintègre aussitôt après la chrysalide dans le cocon, et, par le moyen d'une fine épingle, on assujettit ensemble les deux lèvres de l'ouverture. Lorsque l'opération est bien faite, la fente est difficile à apercevoir, et, sauf l'épingle, rien n'indique que le cocon ait été ouvert. Il va sans dire qu'il faut une certaine légèreté de main, et quelques précautions, pour que la chrysalide ne souffre pas de cette sortie momentanée. Si l'on appelle P le poids du cocon plein, p celui de la coque vide, le rapport de p à P donne la richesse soyeuse, ou rendement en soie, de l'individu considéré. On garde comme reproducteurs d'élite les cocons qui présentent, toutes choses égales d'ailleurs, un rendement élevé.

Telle est en quelques mots la méthode que j'ai suivie depuis trois ans. J'ai traité de la sorte 55 cocons en 1888, 354 en 1889, et 446 en 1890. Mais, en même temps que cette sélection individuelle, j'ai élevé et étudié aussi des pontes isolées, et même j'ai fait des croisements. Je vais exposer le détail de ces recherches assez minutieuses.

---

[1] Louis de Vilmorin, Note sur l'hérédité, 1856, p. 46. (*Notices sur l'amélioration des plantes par le semis,* nouvelle édition, 1886).

PREMIÈRE ANNÉE, 1888

C'est au mois de mai 1888 que j'entrepris de chercher, dans les petites chambrées de mon voisinage, un point de départ pour mes sélections ; depuis plusieurs années, en effet, la feuille de mes mûriers avait été simplement vendue, et aucun élevage n'avait été fait dans ma petite magnanerie. Je trouvai une excellente chambrée, d'une demi-once environ, à Galinet, chez le ménage Gauthier Joseph. La graine provenait depuis trois générations de petits élevages faits dans la famille ; on ne put me renseigner sur la provenance antérieure. Les vers, mi-partie blancs, mi-partie rayés, avaient un air de santé et de vigueur remarquable ; pas un seul malade, pour ainsi dire, et de plus une propreté excessive dans la salle, à la fois cuisine et salle à manger, où les vers étaient tenus. Au décoconnage, le 27 juin, je choisis et rapportai au Défends environ 200 jolis cocons. Le 10 juillet quelques papillons se montrèrent ; je me mis à examiner alors un à un tous les cocons, et je fis un nouveau choix minutieux. Je mis de côté de la sorte 58 cocons, très durs, très fins, bien réguliers, environ moitié mâles et moitié femelles, le sexe étant simplement préjugé d'après l'aspect. Le 11 juillet, je déterminai le rendement de chaque cocon, en procédant comme je l'ai indiqué ci-dessus. Mes 58 cocons fournirent ainsi les chiffres inscrits au tableau suivant. Le numéro 1 était un fondu ; les papillons 37 et 53 sortirent pendant l'opération ; il est donc resté 55 cocons, qui ont fourni, du 12 au 19 juillet, 29 mâles et 26 femelles. Tous les cocons avaient été isolés dans des cellules en tarlatane, et chaque matin je notai les papillons éclos, et leur sexe, non plus préjugé, mais réel. Les chiffres maxima et minima de chaque colonne sont mis en évidence par des astérisques. Les poids P et p sont inscrits en centigrammes ;

- 11 -

le rendement r est rapporté à 100. Au bas de chaque colonne se trouve calculée la moyenne correspondante ; les colonnes 5 et 10 donnent les dates des éclosions.

29 MALES					26 FEMELLES				
	P	p	r			P	p	r	
2	169	26	15,3	17	4	200	23	11,5	15
3	159	23	14,4	16	11	202	27	13,3	12
5	153	24	15,7	16	12	203	27	13,3	15
6	159	26	16,3	12	15	214	26	12,1	15
7	153	24	15,6	12	16	219	28	12,7	13
8	150	22	14,6	16	17	193	26	13,4	14
9	190	35**	18,4**	15	18	207	27	13,0	15
10	180	28	15,5	18	19	241	32	13,2	16
13	179	28	15,6	17	20	203	25	12,3	14
14	185	27	14,5	17	21	228	29	12,7	17
25	198**	31	15,6	17	22	243	32	13,1	17
28	151	25	16,5	13	23	276**	41**	14,8	15
29	163	27	16,5	15	24	264	39	14,7	17
30	162	27	16,6	15	26	238	28	11,7	17
32	170	26	15,2	15	27	212	27	12,7	15
35	182	27	14,8	18	31	225	28	12,4	16
36	151	24	15,8	19	33	260	33	12,6	16
38	160	23	14,3	14	34	208	27	12,9	15
39	185	29	15,6	15	40	177	23	12,9	15
41	141	23	16,0	12	42	166*	21*	12,6	12
44	160	27	16,8	16	43	231	26	11,2*	18
45	159	26	16,3	16	46	215	26	12,0	16
48	160	26	16,2	17	47	192	29	15,1**	16
49	165	28	16,9	17	51	195	25	12,8	13
50	151	21*	13,9*	15	54	194	24	12,3	15
52	180	27	14,9	16	56	215	28	13,0	15
55	130*	22	16,9	16					
57	179	30	16,7	17					
58	130*	23	17,6	12					
	163	26	15,7			216	24	12,8	
Moyennes, mâles et femelles réunis :						189	25	14,2	

Arrêtons-nous un instant, et considérons attentivement ce

tableau qui est très instructif. La première question à examiner était évidemment de savoir si, dans un même lot, en dehors des cocons manifestement faibles, il y avait de grandes différences individuelles. Nous voyons qu'elles sont considérables ; *tous ces cocons minutieusement choisis*, je le répète, *semblaient également bons, à en juger par l'aspect et le toucher ; la balance nous révèle donc des différences qu'on n'eût jamais pu soupçonner, sans son aide.* Le mâle 9, associé à la femelle 47, donne un rendement moyen de 16,7, qui, au regard du rendement moyen général 14,2 correspond, à une augmentation de 17,6 pour 100. Si l'on remarque, en outre, que ces cinquante-cinq cocons provenaient déjà d'un choix sévère, et que, d'autre part, les cocons 9 et 47 n'étant pas plus gros que les autres (le mâle 9 était même relativement très petit), il est naturel de faire porter presque entièrement l'augmentation de rendement sur la soie grège produite[1], on peut conclure *qu'une augmentation de 20 à 25 pour 100 sur le rendement en soie grège semblerait pouvoir être réalisée, si par sélection on réussissait à fixer le caractère particulier que présentent les cocons 9 et 47 au point de vue de la richesse soyeuse.*

Ce premier aperçu était donc très encourageant. Le mâle 9 fut accouplé avec la femelle 47 le 16 juillet, ce qui produisit la ponte n° 8 ; et avec la femelle 24 le lendemain 17 juillet, ce qui produisit la ponte n° 9 ; ces deux femelles 47 et 24, examinées au microscope en avril 1889 ne montrèrent pas trace de corpuscules[2], et leurs pontes furent élevées en 1889. Mais je fis la maladresse de négliger la femelle 23, bien supérieure à la femelle 47. En effet, comme je ne tardai pas à le remarquer

---

[1] A cet égard il suffit de jeter un coup d'œil sur le diagramme IV de la note de M. J. Dusuzeau : Essai des cocons à la bassine industrielle *(Rapport sur les travaux du laboratoire d'études de la soie*, Lyon, 1889),p. 32. On y voit que, dans des lots de races tres differentes, et de rendement en soie grege variant du simple au triple, la quantité de déchets, frisons et bassinés, ne varie pour ainsi dire pas.

[2] Je trouvai les papillons de la chambrée Gauthier Joseph corpusculeux à 3 pour 100 seulement.

dès l'année suivante, le coefficient r est moins important à considérer, pour les femelles, que le poids p. En effet, si r est en moyenne moins grand chez les femelles, cela provient de ce que les organes génitaux, c'est-à-dire leurs ovaires gonflés d'œufs, sont bien plus lourds que les organes génitaux des mâles; le poids P étant plus élevé le rapport r est moindre. La fécondité des femelles, qualité qu'il ne faut pas laisser décroître, a donc pour effet de diminuer le coefficient r, puisqu'elle est en rapport direct avec le nombre des œufs qui garnissent les ovaires. Il convient donc, quand il s'agit de choisir des femelles, de chercher celles qui, sans avoir un rendement r trop faible, présentent une coque soyeuse des plus lourdes. Pour les mâles, au contraire, on peut donner la préférence au rendement r, mais à la condition que le poids de la coque soit aussi assez élevé. Heureusement que la femelle 24 était peu différente de la femelle 23; sa coque pesait 39 centigrammes au lieu de 41, et par suite elle méritait d'être classée au second rang. Nous verrons bientôt que la ponte n° 9 (mâle 9, femelle 24) a été, en effet, supérieure à la ponte n° 8 (mâle 9, femelle 47).

L'examen du coefficient r, plus faible en moyenne chez les femelles que chez les mâles, joint à celui du coefficient P [1], le poids du cocon lui-même, permet de déterminer presque, à coup sûr, et par avance, le sexe de chaque individu. On peut donc, au fur et à mesure des essais, mettre de côté les sujets de choix, mâles ou femelles, et combiner les accouplements à réaliser. Il est vrai que le jour de l'éclosion peut ne pas concorder, mais on doit sélectionner dans chaque sexe un nombre suffisant de sujets, afin d'avoir toujours, au moins une bonne femelle à fournir à un mâle excellent qui vient d'éclore, ou un bon mâle à une excellente femelle. D'ailleurs, une femelle peut

[1] Maillot a indiqué *(Leçons sur le ver à soie du mûrier,* p. 251), un procédé très simple pour la séparation des cocons mâles des cocons femelles, procédé qui est employé par les graineurs pour les croisements de lots un peu importants.

attendre un jour, peut-être même deux ou trois, sans inconvénient, surtout si la température de la chambre où on la tient n'est
pas très élevée. Les mâles peuvent être gardés plus longtemps et
même servir et féconder plusieurs femelles. En 1889, un mâle m'a
fécondé *quatre femelles*; les quatre pontes ont été élevées et la
quatrième n'a semblé inférieure en rien aux trois précédentes [1].
Quatre est peut-être un nombre exagéré; ce n'était là qu'une
expérience; mais quand un mâle est vigoureux on peut sans
aucune hésitation l'employer deux fois.

En 1888, je me servis pour isoler les cocons éprouvés, en
attendant les éclosions, de petits sacs en tarlatanes. Mais depuis
lors, j'ai trouvé préférable d'employer des casiers tels que celui
qui est figuré sur la planche page 278, tome I, des *Études sur
la maladie des vers à soie* de M. Pasteur. Chaque cocon est
fixé sur le côté de chaque case par le moyen d'une épingle, qui
ne pénètre pas, bien entendu, à l'intérieur du cocon; les papillons peuvent donc sortir aussi commodément que sur les filanes,
les cocons étant parfaitement immobilisés, et ils ont tout l'es-
pace nécessaire pour ne pas souffrir de leur emprisonnement.
Ils n'abîment point leurs ailes en voletant, tandis que, dans
les cellules en tarlatane, tous les papillons ne tardent pas à
ressembler beaucoup aux papillons malades ou souffreteux,
qu'il convient d'éliminer avec soin. Chaque case de mes casiers
a 8 centimètres de côté et 8 centimètres de profondeur. Les
couples y sont placés également, avec les cocons correspondants
qui servent d'étiquette, par les numéros qu'ils portent. Chaque femelle fécondée est placée dans un petit sac en tarlatane et
le mâle, avec les deux cocons, dans une cellule pareille qui
reste épinglée à la première. Il y a un intérêt réel, en effet, à
conserver les cocons, comme pièces de conviction à l'appui du
registre généalogique, véritable *stud book*, qu'on est bien

---

[1] Voir à ce sujet : *Expériences sur l'accouplement des papillons du Bombyx du
mûrier*, par E. Cornalia, trad. de E. Maillot, Montpellier, 1875.

forcé d'instituer pour ces modestes insectes, du moment qu'on leur applique la sélection individuelle.

Ajoutons, pour en finir avec la technique du procédé, qu'on peut gagner un temps précieux, lorsqu'on veut examiner un grand nombre de cocons, en employant pour le calcul de r un tableau graphique facile à établir, représentation topographique par courbes de niveau (un faisceau de droites) du paraboloïde hyperbolique $p = r\,P$, le plan des p et P étant horizontal, et l'ordonnée verticale étant r. Quant on a p et P, r s'obtient par interpolation avec une approximation plus que suffisante, pour une échelle convenablement choisie des p et P [1], et par simple lecture pour ainsi dire.

Je ne parlerai pas, bien entendu, des autres études de cocons que j'ai faites en 1888, mais qui n'ont pas eu de suite, soit que j'aie trouvé les cocons inférieurs, soit que j'aie trouvé les papillons qui en sont sortis plus ou moins corpusculeux.

DEUXIÈME ANNÉE, 1889

J'ai élevé en 1889 huit lots différents de vers à soie; je vais successivement passer en revue chacun de ces élevages, mais en insistant seulement sur ceux qui ont présenté quelque intérêt. Dorénavant j'inscrirai la date du jour de l'essai des cocons immédiatement après les coefficients P, p et r, et aussi le nombre des jours écoulés depuis la montée; ainsi :

$$(236 - 33 - 14{,}0 - 24\ \text{juin},\ 8)$$

signifiera abréviativement : poids total du cocon 236 centigrammes, poids de la coque vide 33 centigrammes, richesse soyeuse égale à 14,0 pour 100; essai fait le 24 juin, huit

---

[1] Par exemple deux millimètres par centigramme pour les abcisses P, et dix millimetres par centigramme pour les ordonnées horizontales p.

jours après la montée. Il est nécessaire, en effet, lorsqu'on veut comparer des cocons d'âge différent, de tenir compte du nombre de jours écoulés depuis la montée, car de celle-ci à l'éclosion, par suite de la dessiccation progressive, c'est-à-dire de la transpiration et de la respiration de la chrysalide, le poids P diminue notablement et par suite le rendement r augmente. Les auteurs ont bien étudié cette diminution du poids P, mais en opérant sur des lots importants. D'après Dandolo, par exemple, 100 kilog. de cocons, pesés le jour même de la récolte, et tenus à 22° centigrades environ, se seraient réduits successivement, et jour par jour à 99,1 — 98,2 — 97,5 — 97,0 — 96,6 — 96,0 — 95,2 — 94,3 — 93,4 — et 92,5; en dix jours ils perdraient donc *en moyenne* 7,5 pour 100 de leur poids [1]. J'ai trouvé, en opérant des pesées individuelles nombreuses, que mes cocons, qui pesaient de 200 à 280 centigrammes environ, perdaient de 1,5, 2, à 3 et même parfois 4 centigrammes par jour; cette variation de poids est très irrégulière suivant les individus; elle semble dépendre de la texture de la coque, de sa porosité, de l'état plus ou moins sec de la chrysalide, sans parler bien entendu des conditions extérieures, température, état hygrométrique de l'air, état d'aération des cocons, etc., ces conditions pouvant être rendues uniformes pour tous les cocons étudiés. On ne peut donc guère songer à ramener, par une correction proportionnelle, chaque poids P à une date conventionnelle fixe; le plus simple me semble de noter seulement l'âge du cocon au jour de l'essai, afin de rappeler qu'il faut tenir un certain compte de ce phénomène de dessiccation progressive. D'ailleurs, ces déterminations du rapport r n'ont pour but, ne l'oublions pas, que de choisir entre les cocons *d'un même lot, tous du même âge à quelques jours près* par conséquent, les cocons les plus avantageux;

[1] *Leçons sur le ver à soie du mûrier*, par E. Maillot, Montpellier, 1885, p. 188.

dans ces conditions, l'erreur qu'on peut commettre est bien peu de chose ; d'ailleurs le choix doit être fait, nous l'avons indiqué précédemment, en considérant presque autant le poids p pour les mâles, et en donnant même la préférence à ce dernier caractère, pour les femelles.

Lot A de 1889. — Cinquante vers de la ponte n° 1 de 1888, qui provenait d'un mâle et d'une femelle de choix de la chambrée Gauthier Frédéric à Galinet. Cette chambrée était corpusculeuse à 60 pour 100 environ ; la femelle qui a produit cette ponte n° 1 était elle-même très corpusculeuse. Les cinquante premiers vers éclos ont seuls été élevés, mais cellulairement, par le procédé décrit page 279 du tome I des *Études sur les maladies des vers à soie* de M. Pasteur. J'ai obtenu trente-six cocons

(236 — 33 — 14,0 — 24 juin, 7) moyenne du lot, trente-six cocons.

Lot B de 1889. — Quelques vers prélevés à la naissance sur dix pontes non corpusculeuses de la chambrée Gauthier Frédéric. Élevage normal, pas de maladies.

(243 —. . . . . .1ᵉʳ juillet, 8) moyenne du lot, 261 cocons [1].
(237 — 35 — 14,8 — 11 juillet, 18) moyenne de 30 cocons de choix.
(270 — 43 — 16,0 —   —   18) femelle 321 [2].

Lot C de 1889. — Cinquante vers isolés de la ponte n° 8 (issue du mâle 9 et de la femelle 47, tous deux de la chambrée Gauthier Joseph). Ces cinquante vers ont été élevés cellulairement comme ceux du lot A. Je désirais alors expérimenter ce procédé d'élevage cellulaire, et en second lieu chercher si, par ce moyen, les vers seraient plus vigoureux et formeraient de plus beaux cocons. Mais ce lot fut un peu négligé, et, comme on

[1] Deux doubles et une peau déduits.
[2] Je n'indiquerai d'une façon spéciale que les individus dont la descendance a été élevée (ou doit être élevée) l'année suivante.

peut le voir par les épreuves, il fut inférieur au reste de la ponte.

```
(224 — .   .   .   . — 26 juin, 6), moyenne du lot, 41 cocons.
(216 — 26 — 12,0 — 28  ·—  8),           —           —
```

Lot D de 1889. — Le reste de la ponte n° 8 de 1888 (issue du mâle 9 et de la femelle 47). Élevage normal, pas de maladie.

```
(225 — .   .   .   . .1er juillet,  8) moyenne du lot, 227 cocons [1].
(220 — 34 — 15,5 — 14 juillet, 22) moyenne de 13 cocons de choix.
(206 — 39 — 19,1 —         — ) mâle 349.
(262 — 40 — 15,3 —         — ) femelle 350.
(253 — 39 — 15,4 —         — ) femelle 352.
```

Lot E de 1889. — Ponte n° 9, de 1888 (issue de mâle 9 et femelle 24 de la chambrée Gauthier Joseph). Cet élevage fut remarquable; je récoltai quatre cent trente-sept cocons magnifiques, tous très pareils d'aspect; aussi, mes essais et sélections portèrent surtout sur ce lot; dont j'examinai en détail quatre-vingt-quatre cocons.

```
(248 — .   .   . . — 29 juin,     7) moyenne du lot, 437 cocons [2].
(235 — 33 — 14,0 — 29 juin,    7)  ·  —     20 cocons de choix.
(273 — 37 — 13,6 — 1er juillet, 9)     —     21      —
(239 — 35 — 14,7 — 8  juillet, 16)     —     22      —`
(239 — 36 — 15,0 — 11 juillet, 19)     —     21      —
(225 — 43 — 19,1 —         — ) mâle 239.
(212 — 43 — 20,3 —         — ) mâle 278.
(286 — 44 — 15,0 —         — ) femelle 238.
(284 — 43 — 15,1 —         — ) femelle 293
(275 — 43 — 15,6 —         — ) femelle 296.
```

Je n'ai indiqué ci-dessus que les pesées du 11 juillet pour les sujets sélectionnés, dont plusieurs avaient été choisis un autre jour. A titre de vérification, et pour avoir des coefficients comparables, il est bon de repeser, deux ou trois jours avant l'éclosion, tous les cocons sélectionnés d'un même lot.

---

[1] Trois doubles deduits.
[2] Deux doubles, trois fondus et cinq peaux deduits.

Lot F de 1889. — Quelques vers, levés sur deux pontes non corpusculeuses de la chambrée Paul Négrel, à Rousset. Élevage normal, lot sans intérêt.

(223 — . . . . — 30 juin, 10) moyenne du lot, 126 cocons [1].
(218 — 31 — 14,2 — 4 juillet 14) moyenne de 25 cocons de choix.

Lot G de 1889. — Cinquante vers élevés cellulairement, et prélevés à la naissance sur le lot H. Cinquante cocons obtenus.

(292 — 26 — 13,5 — 18 juin, 10) moyenne du lot, 50 cocons.

Il n'en a pas été de ces cinquante vers isolés comme de ceux du lot C; c'est-à-dire que les cocons obtenus cellulairement ont été cette fois meilleurs *en moyenne* que la moyenne du lot dont ils avaient été séparés. Mais le lot H a fourni toutefois de meilleurs sujets que les meilleurs du lot G, ce qui s'explique très bien par le choix beaucoup plus vaste que présentait ce lot H.

Lot H de 1889. — Cinq grammes de graine, race Jaune Cévennes, qu'avait eu l'obligeance de m'adresser M. Maillot, directeur de la station séricicole de Montpellier, sous l'étiquette « lot n° 114 ». Ce lot fut élevé au *mas*, par la *tante* [2], tandis que tous les autres l'ont été au château et par moi-même.

---

[1] Deux doubles et une peau déduits.

[2] Dans le domaine du Défends, où toutes mes recherches sur les vers à soie ont été faites, le *mas*, c'est-à-dire les bâtiments d'exploitation, sont à 200 mètres de la maison de maître, dite « château » dans le pays. La *tante* est la femme du *baile*, et celui-ci est l'homme de confiance, à la fois régisseur et maître valet, qui dirige et nourrit les domestiques et ouvriers, dans la plupart des exploitations viticoles du Midi. Pour désigner les choses et les usages spéciaux à la Provence, le plus simple est encore d'employer des mots provençaux; c'est ainsi, d'ailleurs, que cette langue a fourni presque tous les termes techniques de l'industrie séricicole. Le Défends est situé dans la commune de Rousset (Bouches-du-Rhône), à 5 kilomètres seulement du département du Var, et à une altitude de 230 mètres environ; une pareille altitude est généralement qualifiée de « montagne » par les graineurs du Var. D'ailleurs la température y descend toujours le matin pendant l'hiver au moins à 4 ou 5 degrés au-dessous de zéro, et cela plusieurs jours, et parfois plusieurs semaines de suite. Tous les mûriers du pays sont en terrain sec, car il n'y a pas de canal d'arrosage. Le mas et le château, assez éloignés loin de l'autre, nous venons de le dire, sont eux-mêmes à environ 1500 mètres, à vol d'oiseau, des habitations voisines les plus proches. Toutes ces indications ont leur intérêt, au point de vue de l'hivernation des graines et de la santé des vers.

Ce lot a très bien marché; voici la copie du compte rendu d'éducation que j'ai adressé le 21 juin à la station séricicole de Montpellier.

Première levée faite le 5 mai;
Montée à la bruyère commencée le 10 juin;
Cocons récoltés le 19 juin.

		kil.
	jaunes, 1er choix.	9,434
	blancs, 1er choix.	0,117
Poids obtenus le 21 juin.	doubles.	0,859
	rebuts.	0,082
	retardataires. . . . . . (environ).	0,100
	Total.	10,592

Nombre de cocons simples pour 1 kil. : 606.

Toutefois, il y avait beaucoup de doubles, et les cocons étaient bien petits, relativement, du moins, à mes autres cocons de race provençale. J'ai trouvé pour ce lot :

(155 — 20 — 12,9 — 23 juin, 15) moyenne d'un échantillon moyen.
(160 — 28 — 17,5 —   —   ) mâle 109.
(284 — 37 — 13,0 —   —   ) femelle 77.

Les chiffres de la première ligne (échantillon moyen) ont été obtenus de la façon suivante. Comme je pouvais disposer d'un grand nombre de cocons, j'ai prélevé, avec les précautions d'usage, un échantillon moyen de *cent* cocons; ces cent cocons furent pesés ensemble, puis ouverts, les chrysalides jetées, et les coques vides repesées aussi ensemble. On a de la sorte, avec deux pesées seulement, et d'une façon très expéditive, une idée assez exacte de la valeur d'un lot. On peut se servir d'un échantillon moindre, de 50 ou 30 cocons, par exemple; mais, bien entendu, on ne peut employer ce procédé que pour les lots un peu importants, les lots de plusieurs centaines de cocons; autrement on risquerait beaucoup de perdre, justement dans l'échantillon moyen, les sujets les meilleurs.

En résumé, cette seconde année 1889 m'a donné une certaine

amélioration *apparente* dans mes deux lots D et E, issus de cocons sélectionnés en 1888. Je dis apparente, car il ne faut pas se faire d'illusions : deux lots élevés en même temps, dans le même local, avec les mêmes soins, peuvent être réellement comparés; on peut dire raisonnablement que l'un est meilleur que l'autre si son rendement moyen est plus élevé; mais il n'en est plus de même si l'on compare des cocons de deux années différentes. Tout le monde sait que le nombre des repas, la nature de la feuille, la température, et une foule d'autres circonstances influent sur la valeur réelle des cocons. Par exemple un ver nourri pendant la grande frèze avec de la feuille très aqueuse formera une chrysalide plus lourde que s'il avait été nourri avec de la feuille plus sèche [1]; le poids de la soie élaborée par ses glandes soyeuses n'est probablement pas, ou n'est que peu, influencé par ce régime, qui par suite aura pour effet de diminuer notablement le rendement.

On pourrait imaginer cependant un moyen de comparer ensemble des lots élevés dans des conditions dissemblables; il faudrait faire entièrement abstraction de l'humidité des chrysalides, et calculer pour chacun d'eux le poids de cocons *secs* nécessaire à la production d'un kilogramme de soie. Mais aucune épreuve de ce genre n'ayant été faite sur les lots de 1889, nous reviendrons sur ce sujet un peu plus loin.

TROISIÈME ANNÉE, 1890

J'ai élevé, en 1890, dix-neuf lots de vers à soie; savoir sept issus des sélections de 1889, et douze de provenances diverses.

---

[1] En 1890, le mâle 346, dont la chrysalide pesait 131 centigrammes le matin du 10 juillet, sortit de sa coque sous mes yeux une heure environ après les pesees qui le concernaient; j'eus la curiosité de le repeser pour juger de la quantité de liquide dont il se vida en trois fois, quantité qui m'avait paru considérable; en effet le papillon ne pesait plus que 76 centigrammes; il avait perdu, en un quart d'heure environ, 42 pour 100 de son poids!

Pourquoi, me demandera-t-on peut-être, importer encore de nouvelles graines, au risque soit d'introduire en même temps des germes de maladie, soit de diminuer simplement les bonnes conditions hygiéniques des lots élevés, en multipliant trop leur nombre ? — Je crois nécessaires ces importations, pendant les quelques premières années tout au moins, afin d'améliorer paralèllement plusieurs séries distinctes, ce qui permettra ultérieurement, par leurs croisements réciproques, de combattre les mauvais effets de la consanguinité.

La question de la consanguinité est encore fort discutée. Les uns, avec M. Sanson [1], c'est, je crois, la science officielle du jour, affirment que la consanguinité n'est pas mauvaise en elle-même, mais seulement en ce qu'elle augmente les prédispositions morbides préexistantes. Les autres, avec M. Baron [2], font remarquer que, en outre de cet inconvénient, les unions consanguines, lorsqu'elles sont réalisées entre individus très proches, et répétées pendant plusieurs générations, tendent à une égalisation excessive des caractères, à la suppression de tout polymorphisme, à la suppression même du dimorphisme sexuel, c'est-à-dire à l'infécondité. Si réellement « en deçà comme au delà d'une certaine différentiation sexuelle la fertilité diminue et tend rapidement vers zéro [3] », on est fondé à craindre *a priori* de rester en deçà, en accouplant systématiquement, pendant plusieurs générations, des papillons provenant des mêmes pontes, tous frères et sœurs, consanguins et utérins. Enfin, même si l'on ne croit pas à cette fâcheuse influence de la consanguinité en elle-même, étant reconnu et non discuté qu'elle augmente les chances de maladies, en en exagérant les prédispositions, l'opportunité et même la nécessité des croisements se trouve parfaitement justifiée.

[1] *Traité de zootechnie* (Économie du bétail), Paris, 1866, t. II.
[2] *Méthodes de reproduction en zootechnie*. 1888.
[3] Baron, *loc. cit..* p. 44.

Mais il y a croisement et croisement. Il suffirait, semble-t-il, d'améliorer *plusieurs familles de la même race*, et d'opérer les croisements entre les différentes séries ainsi obtenues. On peut aussi chercher, dans le mélange de *plusieurs races distinctes*, un *brassage du sang* plus énergique. C'est justement ce second mode de croisement que je cherche à réaliser, et je dois encore dire quelques mots pour le justifier. Les partisans des races *pures*, et ils sont nombreux, surtout parmi les théoriciens, ne manqueront pas en effet de s'écrier : Mais quel chaos n'allez-vous pas obtenir? Vos produits, qui seront des *métis*, vont présenter tous les caractères de la variation la plus *désordonnée !* Je répondrai que cette variation désordonnée, je préférerais dire ce *polymorphisme*, n'a aucun inconvénient, pourvu qu'il ne s'exerce pas sur les caractères très secondaires de couleur, forme, grosseur et surtout épaisseur de la coque soyeuse, c'est-à-dire sur les caractères économiques qui sont le but du magnanier. Si les vers sont tantôt blancs et tantôt noirs, rayés en long ou en travers, avec ou sans masque, à lunules plus ou moins colorées, s'ils sont même parfois ocellés ou ornés de protubérances dorsales, comme ces vers chinois qu'a élevés E. Maillot en 1888 [1], que nous importe? Le filateur qui achètera les cocons s'en enquerra-t-il [2]? Mais ce polymorphisme aura *peut-être* un immense avantage, celui de donner précisément aux vers cette vigueur si précieuse, si nécessaire même, que cherchent à obtenir les graineurs partisans des croisements. Qui sait si le *Bombyx mori* n'était pas très polymorphe à l'état sauvage, et n'a pas perdu les qualités qui lui permettaient alors de soutenir la lutte pour l'existence — qualités qu'il n'a certes plus actuel-

---

[1] *Annales de l'École nationale d'agriculture de Montpellier*, t. IV, pl. III.

[2] On peut même concevoir qu'un jour on croisera les vers à soie avec certaines races, ou certaines espèces, assez distantes morphologiquement pour que les *hybrides* obtenus soient inféconds. On ferait alors de la véritable *mulasserie ;* ces hybrides seraient singulièrement plus productifs en soie si leurs organes de reproduction étaient atrophiés, et si toute leur puissance organique se trouvait, des lors, reportée sur les autres organes, et en particulier sur les glandes soyeuses.

lement — précisément parce que la sélection naturelle et la sélection artificielle ont simultanément et chacune à leur manière, détruit cette plasticité originelle, et partagé l'espèce en un certain nombre de « races » distinctes, de plus en plus homogènes, et, par suite, de plus en plus délicates et infécondes [1]?

En outre, le croisement est un moyen de faire apparaître des particularités étrangères aux deux reproducteurs en présence; il « favorise la cænogenèse [2] »; ou, pour employer le langage d'un botaniste distingué, il *affole* l'organisme [3]. Ne pouvons-nous pas espérer, dès lors, de voir apparaître, grâce à lui, quelques caractères plus ou moins précieux, que nous pourrions fixer par la sélection, que ce soit une rusticité exceptionnelle, une résistance presque absolue à la flacherie, ou une très grande richesse soyeuse ?

Ce ne sont là que des hypothèses, je le reconnais volontiers. Encore est-il bon d'en choisir parfois, faute de mieux, pour servir d'idées directrices dans les recherches expérimentales. C'est donc à ce titre que j'ai indiqué soit les effets nuisibles de la consanguinité très rapprochés, soit les effets utiles des croisements très énergiques. Mais ces effets n'étant à vrai dire que très probables, et, pour ne négliger aucune chance de réussite ni aucune occasion de contrôler ces hypothèses, je compte chaque année élever aussi, en dehors de ces croisements, mais en moins grand nombre toutefois, des pontes obtenues, soit avec des papillons consanguins, soit par le simple croisement entre familles distinctes de la même race. On trouvera un peu plus loin le tableau des accouplements de 1890, et ce que je viens de dire fera comprendre que ce n'est pas le hasard, mais bien un

---

[1] Les races annuelles d'Europe, par exemple, semblent moins fecondes que les races polyvoltines de l'Extrême-Orient; ces dernières, qui à bien des égards paraissent moins eloignées de l'etat sauvage, ont seules, jusqu'à ce jour, présenté des cas plus ou moins authentiques de parthénogénese.

[2] *Traité de zootechnie générale*, par M. Ch. Cornevin, 1891 p. 336.

[3] L. de Vilmorin, *loc. cit.*, p. 30.

programme asséz précis, qui m'a guidé dans cette partie de mes recherches.

Lot A *de* 1890. — Ponte n° 16 de 1889 (mâle 278 et femelle 296, frère et sœur consanguins et utérins). Vers blancs, avec ou sans masque, mais la grande majorité avec masque. Les vers des lots suivants B, C, D, E et F, tous issus des lots B, D et E de 1889, ont ces mêmes caractères. Les lots B et E ont présenté un grand nombre de gras pendant le dernier âge; A, C et D quelques-uns seulement; F, seul a été réellement excellent.

```
(183 — .   .   .   . — 2 juillet,  7) moyenne du lot, 322 cocons.
(173 — 28 — 16,2 — 13 juillet, 18) moyenne échantillon moyen 30 cocons.
(191 — 30 — 15,7 —      —       ) moyenne de 19 cocons de choix.
(180 — 33 — 18,4 —      —       ) mâle 431.
(167 — 33 — 19,8 —      —       ) mâle 433.
(232 — 38 — 16,4 —      —       ) femelle 438.
```

On remarquera sans doute que la richesse soyeuse de l'*échantillon moyen* est supérieure à celle du *groupe de dix-neuf cocons de choix*. Ce résultat, paradoxal en apparence, et qui se représentera plusieurs fois encore dans les lots suivants, provient de ce que les cocons *de choix* sont choisis simplement au toucher et à l'œil; les coques à grain très fin étant d'un tissu plus serré, et quoique moins soyeuse parfois que certains cocons satinés ou grossiers, trompent le doigt par leur dureté apparente. Mais une fois ouverts, la balance permet vite de séparer ces cocons durs et à grain fin, mais peu riches en soie, de ceux à la fois fins et très soyeux.

Lot B *de* 1890. — Ponte n° 17 de 1889 (mâle 278 et femelle 293, frère et sœur consanguins et utérins). J'ai obtenu 220 cocons, qui ont pesé en moyenne 178 centigrammes le 2 juillet, cinq jours après la montée. Aucun cocon n'a été conservé à cause de la grasserie qui a sévi sur ce lot.

Lot C *de* 1890. — Ponte n° 19 de 1889 (mâle 293 et femelle 238, frère et sœur consanguins et utérins).

```
(174 — .   .   .   . — 4 juillet,  7) moyenne du lot, 307 cocons.
(179 — 27 — 15,0 — ·7 juillet, 10) moyenne de 26 cocons de choix.
(168 — 31 — 18,5 —      —     ) mâle 301.
(195 — 33 — 17,0 —      ·—    ) mâle 309.
```

Le 11 juillet je prélevai un échantillon moyen de 300 grammes, comprenant 178 cocons, qui furent étouffés et adressés au laboraloire d'Études de la soie à Lyon.

Lot D *de* 1890. — Ponte n° 20 de 1889 (mâle 278 et femelle 350; comme parenté ils ont même grand-père paternel).

```
(171 — .   .   .   . — 4 juillet,   8) moyenne du lot, 438 cocons.
(176 — 26 — 14,8 — 4 juillet,   8) moyenne d'un échantillon moyen, 50 cocons.
(193 — 28 — 14,6 — 7 juillet, 11) moyenne de 30 cocons de choix.
(215 — 32 — 14,9 —      —      ) femelle 262.
```

Lot E *de* 1890. — Ponte n° 21 de 1889 (mâle 278 et femelle 352; même parenté que les deux auteurs du lot précédent). J'ai obtenu 235 cocons pesant 435 grammes, soit 189 centigrammes en moyenne.

Lot F *de* 1890. — Ponte n° 22 de 1889 (mâle 349 et femelle 321, *qui n'étaient pas du tout parents*; la chambrée Gauthier Joseph de 1888, dont sortait le mâle, provenait de petits élevages domestiques, depuis trois générations; la chambrée Gauthier Frédéric de 1888, dont sortait la femelle, provenait de graines placées par une maison de grainage du Var). Ce lot fut très remarquable; je récoltai, le 2 juillet, 585 cocons, dont 4 doubles, pesant 1147 grammes; il y avait encore dix retardataires, et en tenant compte des quelques vers morts, ou tombés à terre[1], la ponte n° 22 de 1889 a donc produit *plus de 600 vers*.

---

[1] Tout ver tombé à terre etait impitoyablement sacrifié, à moins que j'eusse assisté moi-même à sa chute, de peur de mélange entre les vers des différents lots.

(194 — .   .   . .— 2 juillet,   7) moyenne du lot, 585 cocons.
(209 — 31 — 14,8 —   —   ) moyenne, échantillon moyen, 50 cocons.
(213 — 31 — 14,6 —   —   ) moyenne de 20 cocons de choix.
(222 — 34 — 15,6 — 3 juillet,   8) moyenne de 20 cocons de choix.
(231 — 42 — 18,2 —   —   ) mâle 177.
(185 — 36 — 19,5 —   —   ) mâle 183.
(267 — 37 — 13,9 — 2 juillet,   7) femelle 109.
(254 — 40 — 15,7 — 3 juillet,   8) femelle 176.
(264 — 41 — 15,5 —   —   -   ) femelle 179.
(258 — 39 — 15,1 —   —   ) femelle 185.

Un échantillon moyen de 300 grammes, comprenant 153 cocons, et pesé le 2 juillet, a été étouffé et adressé au Laboratoire d'études de la soie.

Lot G *de* 1890. — Échantillon de Jaunes Gros Var. Je dois cet échantillon et les deux suivants à l'obligeance de M. Berger-Germondy; ils proviennent tous trois de différentes maisons de grainage de Cogolin. Élevage normal, pas de maladies. Je n'ai gardé que très peu des vers de ce lot (ainsi que des lots H, I, L, M, N, O, P, Q et S) pour ne pas m'encombrer. Les vers étaient blancs, avec ou sans masque foncé.

(203 — .   .   . .— 26 juin,   7) moyenne du lot, 61 cocons.
(189 — 29 — 15,3 — 5 juillet, 16)   —   59 cocons[1].
(221 — 32 — 14,6 —   —   ) moyenne de 10 cocons de choix.
(183 — 28 — 15,4 —   —   ) moyenne de 49 autres cocons.
(196 — 38 — 19,4 —   —   ) mâle 193.
(220 — 35 — 16,0 —   —   ) femelle 196.

Lot H *de* 1890. — Échantillon de Jaunes Gros Var. Vers semblables à ceux du lot précédent. Pas de maladie.

(195 — .   .   . .— 26 juin,   7) moyenne du lot, 42 cocons.
(182 — 27 — 14,9 — 6 juillet, 17) moyenne du lot, 40 cocons[2].
(192 — 30 — 15,3 —   —   ) moyenne de 10 cocons de choix

---

[1] Sur les 61 cocons, un est éclos, et un second a été taché par le premier.
[2] Deux sont éclos.

(180 — 26 — 14,5 — 6 juillet, 17) moyenne des 30 autres.
(166 — 31 — 18,7 —   —   ) mâle 212.
(214 — 33 — 15,4 —   —   ) femelle 204.
(229 — 33 — 14,4 —   —   ) femelle 208.

Lot I *de* 1890. — Échantillon de Blanc Pays. Vers semblables à ceux des lots précédents. Cocons blancs.

(126 — . . , . — 26 juin, 7) moyenne du lot, 51 cocons.
(176 — 24 — 13,6 — 27 juin, 8) moyenne de 13 cocons de choix.

Lot J *de* 1890. — Environ 5 grammes de graines de Jaunes Basses-Alpes de Paillerols. J'avais reçu cette graine directement de M. Raibaud-L'Ange, qui en outre a eu l'obligeance de me montrer en grand détail, les 30 juin et 1er juillet 1890, l'organisation de ses ateliers de grainage. Ce lot a été élevé au *mas*, dans la même salle que le lot H de 1889. Les vers étaient un quart ou un cinquième *moricauds*, le reste blancs, mais tous à masque très marqué. L'éducation a très bien marché, sans aucun malade pour ainsi dire. J'ai récolté 10^k,613 de cocons. Un échantillon moyen de 400 grammes (203 cocons) a été pesé et étouffé le 28 juin, et adressé ultérieurement au Laboratoire d'études de la soie à Lyon.

(199 — . . . . — 28 juin,   9) moyenne, échantillon moyen, 340 cocons.
(192 — 28 — 14,6 —   —   9) moyenne, échantillon moyen, 50 cocons.
(218 — 30 — 13,7 —   —   9) moyenne de 27 cocons de choix.
(218 — 28 — 12,8 — 2 juillet, 13) moyenne de 48 cocons [1].
(218 — 29 — 13,3 —   —   ) moyenne de 32 cocons de choix [2].
(198 — 35 — 17,7 — 28 juin,   9) mâle 58.
(197 — 32 — 16,2 —   —   ) — 64.
(202 — 32 — 15,9 — 2 juillet, 13) — 142.
(197 — 34 — 17,3 —   —   ) — 152.
(186 — 34 — 18,3 — 6 juillet, 17) — 226.
(175 — 34 — 19,4 —   —   ) — 235.
(187 — 34 — 18,2 —   —   ) — 241.

[1] Petit groupe de vers moricauds qui avait été séparé un peu avant la montée à la bruyere.
[2] Les trente-deux meilleurs du petit groupe des quarante-huit cocons de vers moricauds.

```
(259 — 37 — 14,3 — 28 juin,      9) femelle 44.
(263 — 37 — 14,0 —      —      )     —  57.
(262 — 35 — 13,4 —      —      )     —  67.
(250 — 32 — 12,8 —  2 juillet, 13)   — 155.
(272 — 33 — 12,1 —      —     ·)     — 159.
(259 — 35 — 13,6 —      —      )     — 169.
(264 — 36 — 13,6 —  6 juillet, 17)   — 214.
(262 — 35 — 13,4 —      —      )     — 217.
(278 — 36 — 13,0 —      —      )     — 221.
(242 — 35 — 14,5 —      —      )     — 232.
(238 — 35 — 14,7 — 10 juillet, 21)   — 372.
(240 — 34 — 14,2 —      —      )     — 379.
(238 — 34 — 14,3 —      —      )     — 382.
(230 — 37 — 16,1 —      —      )     — 384.
```

Lot K *de* 1890. — Treize cellules du lot E de 1889. Ce
lot a été élevé au mas, dans une salle différente de celle du lot
précédent, et dans laquelle il n'avait pas été fait d'élevage de
vers à soie depuis au moins douze ans. Pendant le dernier âge
il y eut quelques vers *plâtrés* (muscardinés), et à la récolte un
dixième environ des cocons renfermaient des *dragées*. Les germes
de la muscardine ont-ils été apportés par le vent ou par quelque
visiteur? En 1889, la *tante*, pour l'élevage du lot H que je lui
avais confié, se fit prêter des *cannisses* qui furent apportées
au Défends, mais ne furent pas employées, car j'appris justement
qu'en 1888 elles avaient servi dans une chambrée qui avait été
presque détruite par la muscardine; ces cannisses, qui restèrent
une partie de l'été 1889 dans la cour du mas, sont-elles la cause
de la muscardine de ce lot K de 1890? — La muscardine est
assez commune dans le canton de Trets, car les éleveurs ignorent
les procédés de désinfection préventive, seuls efficaces contre
cette maladie, ou tout au moins négligent de les employer.

Lot L *de* 1890. — Échantillon de « Blancs Pays ». Je suis
redevable des graines de ce lot, ainsi que de celles des lots suivants M, N, O, P et Q, à l'obligeance de M. Valery-Mayet, de

la station séricicole de Montpellier. Vers blancs, quelques-uns seulement avec masque. Cocons blancs.

```
(166 —.  .  .  .— 26 juin,    6) moyenne du lot, 33 cocons.
(160 — 22 — 13,8 —  2 juillet, 12)       —
(163 — 23 — 14,0 —      —     ) moyenne de 16 cocons de choix.
(150 — 26 — 17,3 —      —     ) mâle 139.
(212 — 27 — 13,0 —      —     ) femelle 135.
```

Lot M *de* 1890. — Italiens croisés avec Pays. Vers semblables à ceux du lot L.

```
(174 —.  .  .  .— 26 juin,    7) moyenne du lot, 47 cocons.
(167 — 26 — 15,6 — 10 juillet, 21) moyenne de 10 cocons de choix.
(172 — 30 — 17,4 —      —     ) mâle 323.
(210 — 28 — 13,4 —      —     ) femelle 324.
```

Lot N *de* 1890. — Jaunes Cévennes. Vers semblables à ceux du lot L.

```
(204 —.  .  .  .— 27 juin,    5) moyenne du lot, 24 cocons.
(191 — 26 — 13,9 —  7 juillet, 15)       —
(209 — 29 — 13,9 —      —     ) moyenne de 10 cocons de choix.
(178 — 25 — 14,0 —      —     ) moyenne des 14 autres.
(171 — 31 — 18,1 —      —     ) mâle 246.
(231 — 33 — 14,3 —      —     ) femelle 248.
```

Lot O *de* 1890. — Jaunes Var. Un cinquième des vers sont moricauds avec masque ; le reste est blanc et sans masque.

```
(202 —.  .  .  .— 26 juin,    6) moyenne du lot, 46 cocons;
(195 — 28 — 14,4 — 10 juillet, 20) moyenne de 18 cocons de choix.
(163 — 32 — 19,6 —      —     ) mâle 346.
(161 — 33 — 20,5 —      —     ) — 352.
(168 — 30 — 17,9 —      —     ) — 361.
(242 — 34 — 14,0 — 10 juillet, 20) femelle 344.
(212 — 32 — 15,1 —      —     ) — 345.
(210 — 30 — 14,3 —      —     ) — 348.
(205 — 30 — 14,7 —      —     ) — 364.
```

Lot P *de* 1890. — Italiens. Vers tous blancs, la moitié avec masque, les autres sans masque.

```
(178 —.  .  .  .— 26 juin,    7) moyenne du lot, 47 cocons.
```

    (176 — 24 — 13,6 — 28 juin,   9) moyenne de 34 cocons de choix.
    (178 — 30 — 16,9 —   —   ) mâle 83.
    (174 — 27 — 15,6 —   —   ) — 96.
    (231 — 31 — 13,4 —   —   ) femelle 76.

Lot Q *de* 1890. — Jaunes Cévennes. Vers semblables à ceux du lot L.

    (188 — . . . . — 26 juin,   6) moyenne du lot, 43 cocons.
    (182 — 26 — 14,2 — 10 juillet, 20) moyenne de 10 cocons de choix.
    (206 — 29 — 14,0 —   —   ) femelle 333.

Lot R *de* 1890. — Portion de la ponte n° 7 de 1889 (mâle 109 et femelle 77, tous deux sortis du lot H de 1889). Vers blancs, quelques-uns seulement avec masque.

    (186 — . . . . — 26 juin,   7) moyenne du lot, 53 cocons.
    (176 — 27 — 15,4 — 11 juillet, 22) moy. d'un échant. moyen, 30 cocons.
    (153 — 28 — 18,4 —   —   ) mâle 406.
    (142 — 27 — 19,0 —   —   ) — 408.
    (186 — 28 — 15,0 —   —   ) femelle 396.
    (210 — 30 — 14,3 —   —   ) — 400.

Les cocons de ce lot étaient très petits, mais excessivement fins. Remarquons en passant que le rendement moyen 15,4 de l'échantillon moyen de 30 cocons, est un des plus forts rendements *moyens* obtenus en 1890 ; ce lot était d'ailleurs le produit d'une sélection de l'année précédente, ce qui explique cette particularité.

Lot S *de* 1890. — Quelques vers prélevés après la première mue sur la chambrée Delaye à Peynier. Vers blancs, la moitié environ avec masque, les autres sans masque.

    (197 —   — 15 juin,   4) moyenne du lot, 76 cocons[1].
    (192 — 23 — 12,0 — 17 juin,   6) moyenne de 30 cocons de choix.
    (188 — 28 — 14,9 —   —   ) mâle 5.
    (160 — 25 — 15,6 —   —   ) — 18.

[1] Un double et huit peaux deduits.

(241 — 28 — 11,6 — 17 juin,　6) femelle 2.
(229 — 27 — 11,8 —　　—　　)　— 23.
(226 — 27 — 12,0 —　　—　　)　— 26.-

Nous terminerons le compte rendu des élevages de 1890 par
le tableau des accouplements réalisés. Sur 45 cellules, 38 seulement sont conservées pour 1891 ; les sept autres ont été élimi-
nées à cause de leur aspect défectueux, trop petit nombre d'œufs,
œufs mal fécondés, etc. J'ai examiné moi-même au microscope, les
14, 15 et 16 octobre 1890, tous les papillons, mâles et femelles,
qui ont produit ces 45 pontes ; aucun n'était corpusculeux.
Dans la seconde colonne du tableau suivant, les astérisques désignent les mâles qui ont servi deux fois ; dans la quatrième
colonne, elles désignent les pontes dont les deux auteurs provenaient d'une même ponte de 1889, c'est-à-dire étaient frère et
sœur germains.

Nos		Mâle		Femelle		lots		
1.	. . . .	Mâle	18	Femelle	26	lots	S.	S.
2.	. . . . . .	—	5	—	2	—	S.	S.
4.	. . . . . .	—	5*	—	23	—	S.	S.
5.	. . . . . .	—	139	—	135	—	L.	L.
7.	. . . . . .	—	246	—	214	—	N.	J.
8.	. . . . . .	—	323	—	324	—	M.	M.
9.	. . . . . .	—	212	—	204	—	H.	H.
10.	. . . . . .	—	226	—	159	—	J.	J.
11.	. . . . . .	—	246*	—	333	—	N.	Q.
12.	. . . . . .	—	346	—	208	—	O.	H.
13.	. . . . . .	—	193	—	196	—	G.	G.
14.	. . . . . .	—	241	—	345	—	J.	O.
15.	. . . . . .	—	64	—	348	—	J.	O.
16.	. . . . . .	—	346*	—	364	—	O.	O.
17.	. . . . . .	—	235	—	221	—	J.	J.
18.	. . . . . .	—	152	—	372	—	J.	J.
19.	. . . . . .	—	235*	—	379	—	J.	J.
20.	. . . . . .	—	152*	—	217	—	J.	J.
21.	. . . . . .	—	193*	—	232	—	G.	J.
22.	. . . . . .	—	241*	—	169	—	J.	J.
23.	. . . . . .	—	64*	—	248	—	J.	N.
24.	. . . . . .	—	352	—	384	—	O.	J.
25.	. . . . . .	—	408	—	396	—	R.	R.*
26.	. . . . . .	—	83	—	76	—	P.	P.

28.	Mâle	361	Femelle	67	lots	O.	J.
29.	—	96	—	382	—	P.	J.
30.	—	352*	—	344	—	O.	O.
31.	—	142	—	57	—	J.	J.
32.	⸚	400	—	400	—	R.	R. *
33.	—	58	—	44	—	J.	J
34.	—	301	—	262	—	C.	D.
35.	—	183	—	155	—	F.	J.
37.	—	433	—	176	—	A.	F.
38.	—	309	—	109	—	C.	F.
39.	—	431	—	438	—	A.	A *
40.	—	177	—	179	—	F.	F.*
42.	—	177*	—	185	—	F;	F.*

Quels sont les résultats obtenus pendant cette troisième année 1890 ? C'est ce qu'il nous faut examiner maintenant avec soin.

En outre des pesées nombreuses, dont les pages précédentes donnent les plus intéressantes, et qui permettent déjà de se faire une opinion sur la valeur relative des différents lots, il faut considérer maintenant les trois essais de filature que M. J. Dusuzeau, directeur du Laboratoire d'études de la soie à Lyon, a eu l'obligeance de faire faire à la petite filature industrielle du Laboratoire. Les trois bulletins de ces essais sont transcrits intégralement dans le tableau de la page suivante. Je rappellerai la définition des trois échantillons essayés :

1° Trois cents grammes cocons frais, échantillon moyen du lot C, ponte 19 de 1889 (mâle 239 et femelle 238 tous deux issus de la ponte 9 de 1888) ;

2° Trois cents grammes cocons frais, échantillon moyen du lot F, ponte 22 de 1889 (mâle 349 et femelle 321, le premier de la ponte 8 de 1888, et la seconde du lot B de 1888) ;

3° Quatre cents grammes cocons frais, échantillon moyen du lot J, race Jaune Basses-Alpes de Paillerols.

Les deux premiers échantillons C et F représentent ce que j'ai obtenu après *deux* ans de sélection, en partant de la race Var Jaune des environs du Défends ; le troisième échantillon J représente un type de cocons bien connu, et considéré comme très

ESSAIS DE FILATURE INDUSTRIELLE

FRANCE

	Lot. C Récolte 1890	Lot F Récolte 1890	Lot J Récolte 1890
RACE.			
PROVENANCE.	**Le Defends** M. G. Coutagne	**Le Defends** M. G. Coutagne	**Le Defends** M. G. Coutagne
État hygrométrique des cocons.	sec	sec	sec
Coque soyeuse.	ferme, grain fin, moyen	tr. ferme, grain moy., gros	très ferme, grain moyen
Nombre des cocons au kilogram.	1424	1176	1280
Poids net à filer.	0 k. 125	0 k. 130	0 k. 157
Soie grège produite. . . .	0 k. 033.600	0 k. 037.150	0 k. 037,600
Frisons.	0 k. 005.400	0 k. 004.500	0 k 006.650
Bassinés.	0 k. 003 100	0 k. 001.500	0 k. 003.450
Rentrée en kilogrammes. .	3 k. 720	3 k. 504	4 k 175
Couleur de la grège.	jaune vif	jaune vif, veinée	jaune brillant
Qualités.	soyeuse	soyeuse	soyeuse
Dévidage lavelles par ouvriere.	90 à 100	90 à 100	à 100
Défauts de la grege	»	»	»
TITRAGES DE LA GRÈGE			
Poids décimal à 500 mètres. .	0 gr. 700 (3) 0.750 (9) 0.800 (6) 0.850 (2)	0 gr. 600 (4) 0.650 (9) 0.700 (5) 0.750 (2)	0 gr. 650 (9) 0.700 (8) 0.750 (2) 0,800
Poids moyen décimal. . .	0 gr. 767	0 gr. 662	0 gr. 687
— en deniers à 500 mètres.	14 d. 44	12 d. 47	12 d. 94
— en deniers à 476 mètres.	13 d. 74	11 d. 87	12 d. 31
Poids a 10.000 m. = N° décimal.	15 gr. 350	13 gr 250	13 gr. 750
Épreuv. de Ténacité en gram	50. (2). 55. (2). 60. Moy. 54	45. (2). 50 (2). 55. Moy. 49	40. 45. 45. (3). 50. Moy. 45
Épreuves d'Élasticité p. 100.	18. 19. 20. (2). Moy. 19,2	18. (2). 19. (2). 20. Moy. 18.8	18. 19. 20. 21 (2). Moy. 19.8
Décreusage, perte pour 100. .	23,82	23,96	24,97
NOTES DE FILATURE			
Mode de filature.	Chambon	Chambon	Chambon
Battage des cocons.	à la main	à la main	à la main
Grège filée à cocons. . . .	4 à 5	4 à 5	4 à 5
Bouts conduits à la fois. . . .	deux	deux	deux
Croisure, tours.	200	200	200
Jetée des bouts a la filure. .	machine	machine	machine
Grège à bouts.	noués	noués	roués
Mètres enroulés par minu'e .	135	135	135
Marche du dévidage des cocons.	tres bonne	tres bonne	tres bonne
Observations.	»	»	»

bon, la race Jaune Basses-Alpes de Païllerols, qui est élevée chaque année en très grande quantité[1] ; j'avais choisi cet échantillon comme terme de comparaison. Voici, successivement, pour ces trois échantillons, d'après les essais du Laboratoire d'études de la soie : 1° la rentrée en cocons secs (séchés naturellement à l'air) ; 2° la rentrée en cocons frais ; 3° le rendement en soie grège rapporté à cent kilogrammes de cocons frais.

	C	F	J
	kil.	kil	kil
Rentrée en cocons secs. . . .	3,720	5,504	4,175
Rentrée en cocons frais. . . .	8,928	8,075	10,650
Rendement en soie grège. . . .	11,2	12,4	9,4

Nous voyons que nos deux lots C et F, et surtout le lot F, sont très supérieurs au lot J ; au point de vue du rendement en soie grège, F a donné *trente pour cent* de plus que J ; car il faudrait 1065 kilogrammes de cocons frais pareils à J pour obtenir 100 kilogrammes de soie grège ; or 1065 kilogrammes de cocons pareils à F en fourniraient *cent trente et un kilogrammes*.

Il serait intéressant de comparer aussi les lots C et F aux autres échantillons qui sont essayés chaque année au Laboratoire d'études de la soie. Malheureusement cette comparaison ne peut se faire qu'au point de vue des caractères de la soie, ténacité, élasticité et titre, et au point de vue de la proportion de déchets (frisons et bassinés) par rapport à la grège obtenue. Pour la richesse soyeuse des cocons, ou plus exactement le rendement en soie grège des cocons, il faudrait que ceux-ci soient exactement *conditionnés*, pour qu'on puisse rapporter les poids de grège obtenus à un terme fixe, par exemple le kilogramme de cocons parfaitement secs, c'est-à-dire séchés à l'étuve jusqu'à ce que deux pesées successives n'accusent aucune différence de poids. Nos trois échantillons, 300 grammes de cocons frais de

---

[1] La maison de grainage de Païllerols produit annuellement entre vingt mille et quarante mille onces.

C et F, et 400 grammes cocons frais de J, avaient été exposés de temps à autre au soleil, afin de hâter leur dessiccation ; le 11 août, veille du jour où je les portais à Lyon, ils pesaient respectivement 108, 109 et 134 grammes. Au Laboratoire, les 18, 19 et 20 août, après avoir repris de l'humidité (sous l'influence du climat lyonnais sans doute?), ils ont pesé 125, 130 et 157 grammes. Les rentrées calculées auraient été très différentes si les essais avaient été fait par exemple les 12, 13 et 14 août; c'est pour ce motif que j'ai calculé ci-dessus les rentrées en cocons frais, qui intéressent surtout les filateurs acheteurs de ces sortes de cocons. Rapportées aux pesées du 11 août, les rentrées seraient respectivement de $3^{kg},214$, $2^{kg},908$ et $3^{kg},563$; et je ne crois pas que la dessiccation à l'air libre fût encore arrivée à son terme, à cette date du 11 août, cinq à six semaines seulement après la récolte. Le conditionnement exact des cocons serait donc un dernier perfectionnement bien désirable dans les essais du Laboratoire ; M. Dusuzeau a d'ailleurs signalé déjà dans son Rapport sur l'année 1888 à la Chambre de commerce, l'importance de cette détermination, et nous a fait espérer que prochainement le Laboratoire serait à même de la faire pour tous les cocons essayés.

Je ferai remarquer en second lieu combien l'essai à la filature est nécessaire pour avoir une juste idée de la valeur d'un lot. Nous avons trouvé en effet, comme l'indiquent les chiffres déjà rapportés plus haut, que le lot F, sept jours après la montée avait donné 14,8 pour le rendement moyen d'un échantillon moyen de 50 cocons, et que le lot J, neuf jours après la montée, avait donné de même 14,6 pour le rendement moyen d'un échantillon moyen de 50 cocons. Ces deux lots semblaient donc presque identiques d'après ces pesées et on n'aurait guère pu prévoir qu'à la filature le lot F donnerait *trente pour cent* de plus de soie grège. Il est vrai que l'aspect des cocons était très différent : tous ceux du lot F, remarquablement pareils, étaient fins et durs, tandis que, dans le lot J, il y avait une bien plus grande inégalité, et nombre de cocons étaient satinés ou même grossiers. *Il est donc absolument essentiel, en sélectionnant les reproducteurs, de choisir non seulement les cocons à fort rendement, c'est-à-dire à coques très lourdes relativement, mais encore ceux dont la forme est bien régulière, et le grain fin et serré.* Ces qualités, quoique ne pouvant se traduire en chiffres de prime abord, se révèlent assez nettement, nous venons de le voir, quand on essaye les cocons à la bassine.

Le lot C, quoique plus sélectionné que le lot F, a donné d'un peu moins bons résultats. On pouvait le présumer d'après l'examen des cocons, qui étaient tous remarquablement égaux, et à grain très fin, mais dont un grand nombre avaient les bouts faibles. La proportion des déchets, frisons et surtout bassinés, a été également plus forte dans le lot C. Ces défauts, et la grasserie qui a sévi sur ce lot, sont-ils attribuables à la consanguinité? il est difficile de rien conclure encore à ce sujet ; mais on ne peut s'empêcher de remarquer que le lot F, le seul des cinq premiers lots dont les auteurs n'étaient pas plus ou moins consanguins, a été de beaucoup le meilleur, quoiqu'ils aient été tous cinq élevés simultanément dans la même salle, et avec les mêmes soins. Les élevages de l'an prochain nous permettront peut-être d'être plus affirmatifs ; sur les trente-huit pontes conservées, il y en a cinq dont les parents sont sûrement consanguins, leur comparaison avec les autres lots sûrement non consanguins (il y en a 14) sera très intéressante.

Le bulletin d'essai du lot F porte la mention : couleur de la grège *jaune vif veiné blanc.* Les coques de ce lot étaient en effet un peu blanchâtres à l'intérieur. M. Maillot a signalé ce même caractère dans une des races de Chine qu'il a élevées en 1888. « En ouvrant les cocons jaune doré, on voit que les couches intérieures de la soie sont blanchâtres ; nos races jaunes d'Europe ont, au contraire, généralement l'intérieur du cocon d'un jaune plus vif que l'extérieur[1]. » Mais ce caractère s'est trouvé extraordinairement accusé dans le lot O de 1890 (Var Jaunes provenant de la station séricicole de Montpellier); les cocons, d'un jaune très vif à l'extérieur, étaient à l'intérieur pour la plupart blanchâtres, et plusieurs même du blanc le plus pur.

L'efficacité du procédé de sélection que j'ai suivi semblerait pouvoir se prouver surtout par la comparaison entre des lots sélectionnés, et des lots de même race non sélectionnés, élevés simultanément, et dans des conditions identiques. Je n'ai pas cherché à faire cette comparaison, et cela pour bien des motifs. L'amélioration que j'ai entreprise devant vraisemblablement demander un certain nombre d'années, je n'ai pas voulu distraire une partie du temps et des soins que je puis consacrer à ces travaux en élevant de simples lots *témoins*, peu intéressant en eux-mêmes, et qu'on aurait qualifiés peut être de « volontairement négligés ». D'ailleurs ces lots témoins, même scrupuleusement soignés comme les autres, auraient-ils été seulement comparables à eux-mêmes, d'une année à l'autre? Nous rappellerons les Roussillons Jaunes de la station séricicole de Montpellier, donnant 19 pour 100 de soie en 1888, et 13 pour 100 en 1889. Le rendement en soie d'une race n'est pas, je ne saurais trop le répéter, un caractère fixe, comme la couleur du cocon, ou l'ornementation des vers; rien n'est variable comme ce rendement, même parmi les cocons *issus de la même graine*, et cela d'une région à une autre région, d'un village à un village voisin, et même dans le même village, d'une chambrée à une autre chambrée. Il n'en est pas moins très facile de juger une méthode de sélection ou de grainage. Tout filateur trouvera excellente une rentrée (en cocons frais) de 8 kilogrammes, très bonne une rentrée de 9 kilogrammes; bonne seulement celle de 10 kilogrammes; et mauvaise enfin celle de 12 ou 13 kilogrammes. C'est là tout ce qu'il nous faut

---

[1] *Nouvelles races de vers à soie du mûrier*, Montpellier, 1888, p. 40.

savoir, et point n'est besoin de lots témoins plus ou moins discutables; une méthode de sélection sera excellente, si elle permet d'arriver dans un ensemble d'éducations normales, à une moyenne de 8 kilogrammes, très bonne si elle donne 9 kilogrammes, etc. Enfin, dernier motif à indiquer, ces lots témoins et ces lots sélectionnés ne constitueraient en somme que des « expériences de laboratoire », sans intérêt bien réel tant qu'on n'est pas sûr de pouvoir utiliser industriellement, c'est-à-dire pratiquement, les résultats fournis par lesdites expériences.

Il est vrai que cette dernière objection peut être faite à tous les travaux et essais que j'ai décrits dans la présente note. Je ne le contredirai pas, mais j'ajouterai que ma méthode passera bientôt, je l'espère du moins, du laboratoire à l'usine — je veux dire des petits élevages de quelques grammes aux grandes chambrées réellement utilisées dans l'industrie de la soie. Il est d'ailleurs dans l'intérêt même de cette méthode de sélection, ou de toute autre qui serait réellement efficace, de ne pas se borner à de petits élevages purement scientifiques en quelque sorte : une race patiemment améliorée pendant dix ou quinze ans, par exemple, et devenue dès lors très précieuse, risquerait fort d'être anéantie, si tous ses représentants se trouvaient rassemblés dans le laboratoire du savant qui l'aurait amenée à ce degré de perfection. Sans parler des rats et des dermestes, ou autres accidents pouvant atteindre les œufs, la flacherie ou la muscardine, fortuitement amenées, auraient bientôt tout détruit. Au contraire, si ce n'est pas un savant, mais un *graineur* qui améliore d'année en année une race, du fait même de son industrie, c'est-à-dire du fait de la dissémination chez un grand nombre d'éleveurs des lots qui doivent lui fournir les cocons nécessaires à la confection de sa graine, résulte la certitude que tous ces lots ne seront pas détruits à la fois, et que sa race améliorée ne sera pas anéantie.

Il suffirait d'ailleurs d'une assez petite industrie de grainage, pour assurer la sécurité et la continuité à ces recherches. Voici comment, d'après l'expérience des trois dernières années, j'espère pouvoir organiser à l'avenir l'application de ma méthode. Il y aurait chaque année trois sortes de vers élevés.

1° Très petits lots *primaires*, peu nombreux, élevés par moi-même au château (comme l'ont été 17 des 19 lots de 1890), dans le but, soit de choisir des sujets d'élite parmi les meilleures pontes de l'année précédente, soit de chercher dans des races différentes, ou dans des chambrées de Jaune Var *non parentes* avec mes vers, quelques bons sujets, mâles ou femelles, destinés à introduire un sang nouveau, et à combattre les mauvais effets probables de la consanguinité.

2° Une quarantaine de lots *secondaires*, élevés au mas dans la magnanerie, chacun formé par une ponte de l'année précédente (comme seront les 38 pontes conservées de 1890, qui formeront 38 des lots de 1891). Bien entendu ces pontes proviendront exclusivement de sujets sélectionnés sur les lots primaires de l'année précédente, et elles seront elles-mêmes sélectionnées, toutes celles qui présenteraient un défaut quelconque devant être sacrifiées (quelques cas de flacherie pendant le dernier âge, œufs ne paraissant pas tous très bien fécondés, mâle ou femelle de mauvaise apparence à l'éclosion, ou corpusculeux, etc.).

3° Sur ces quarante pontes, qui produiraient quarante petits lots de cocons, on conserverait pour graines les meilleurs lots, soit la moitié environ ; la graine produite par ces vingt lots secondaires sélectionnés, soit 30 à 40 onces, formerait une quarantaine de lots *tertiaires* de 15 à 35 grammes chacun, placés chez différents petits éleveurs du voisinage. La moitié environ des cocons produits par ces lots, encore sélectionnés, produirait à peu près deux mille onces de graines destinées enfin à la vente aux magnaniers, c'est-à-dire à la production industrielle des cocons pour la filature.

Tel est le programme que je compte suivre à l'avenir. Le succès est-il assuré? l'amélioration sera-t-elle rapidement réalisée? on ne saurait le dire; l'atavisme est si persistant chez les vers à soie, qu'il faudra peut-être un grand nombre d'années pour fixer solidement ce nouveau caractère, cette sorte d'hypertrophie des glandes soyeuses qui est l'objectif de ma méthode. Mais nous savons déjà quelles merveilles on a pu obtenir chez les races de pigeons par exemple [1], par la sélection artificielle longuement et patiemment appliquée. Il est déjà intéressant d'avoir pu obtenir en deux ans, ne fût-ce qu'en petite quantité, des cocons assez riches en soie pour que 8 kilogrammes de cocons frais, ou 3 kilogrammes de cocons secs, produisent un kilogramme de soie grège. Lorsque M. de Vilmorin commença en 1850 à sélectionner ses betteraves sucrières, on obtenait en grande culture seulement 8 à 9 pour 100 environ de sucre [2]; dès la troisième génération, en 1856, il obtenait des lots donnant 16 pour 100 [3]; et maintenant on cultive des betteraves donnant couramment 16 à 17, et même quelquefois 18 pour 100. Nous pouvons donc espérer que nos efforts ne seront pas inutiles, et que la sélection sera non moins efficace chez les vers à soie qu'elle ne l'a été chez la plupart de nos animaux domestiques et de nos plantes cultivées.

L'industrie du grainage, qui a pris depuis peu en France un si grand développement, est sans aucun doute redevable de sa prospérité aux remarquables travaux de M. Pasteur, dont la méthode, pour se garantir de la pébrine, repose précisément sur un examen *individuel* des reproducteurs, l'examen microscopique des papillons femelles. Les graineurs français auraient je crois tout intérêt à joindre à ces opérations microsco-

[1] *Méthodes de reproduction en zootechnie*, par M. Baron, p. 286, fig. 35 et 36.

[2] Il en a été de même en France jusqu'en 1885; à partir de cette époque, sous l'influence de la loi de 1884, on a cultivé de plus en plus les variétés améliorees, qui avaient eté adoptées depuis longtemps dejà par l'Allemagne.

[3] L. de Vilmorin, *loc. cit.*, p. 27.

piques, qui resteront toujours la principale affaire de leur industrie, la sélection également *individuelle* que j'ai décrite dans les
pages précédentes. Par l'emploi exclusif de bonnes graines, nos
magnaniers pourraient déjà réaliser dès à présent un progrès
considérable; en augmentant par la sélection la richesse soyeuse
de leurs cocons, ils pourraient peu à peu en obtenir un second,
peut-être non moins important. Nous croyons fermement qu'en
poursuivant par tous les moyens possibles l'amélioration de ses
rendements, la sériciculture française, si éprouvée depuis de
longues années, arriverait plus sûrement à retrouver son an-
cienne prospérité, qu'au moyen des taxes douanières, qu'elle
réclame en ce moment, et dans lesquelles elle semble, bien à tort,
avoir mis toute sa confiance.